Bibliografische Information der Deutschen Nationalbibliothek:

Die Deutsche Bibliothek verzeichnet diese Publikation in der Deutschen Nationalbibliografie; detaillierte bibliografische Daten sind im Internet über http://dnb.d-nb.de/ abrufbar.

Impressum:

Druck und Bindung: Books on Demand GmbH, Norderstedt Germany
ISBN: 9783346166609

Dieses Buch bei GRIN:

https://www.grin.com/document/538861

Saskia Liehr

Die Phänomene der "Neuen Kriege" kontrovers diskutiert

Ist der Begriff wissenschaftlich legitim?

GRIN Verlag

Inhalt

1. Einleitung

Als der Kalte Krieg 1989/1990 endete, verlor die bis zum damaligen Zeitpunkt behandelte These der Stellvertreterkriege in der Konfliktforschung an Bedeutung. Da die Zahl der bewaffneten Konflikte in den 1990er Jahren umgehend anstieg, wurden zahlreiche neue Thesen über Kriege und deren Entstehung entwickelt. In diesem Zusammenhang entstand auch die These der „Neuen Kriege", welche davon ausgeht, dass eine neue Art der Kriegsführung entstanden sei, die so vorher noch nicht existiert habe. Als Mary Kaldor (1999) den Begriff des „Neuen Krieges" in ihrem Buch „New and Old Wars" in Bezug auf die Jugoslawien-Kriege in den 1990er Jahren verwendete, löste sie eine große wissenschaftliche Debatte, um die Legitimität dieses Begriffes aus.

Einige Kritiker verweisen darauf, dass der Begriff des „Neuen" grundsätzlich inhaltsleer und zeitlich begrenzt sei. Andere zweifeln die empirische Basis der befürwortenden Behauptungen an (vgl. Geis 2009, S.65). Die vorliegende Arbeit widmet sich daher der übergeordneten Fragestellung, ob der Begriff der „Neuen Kriege" wissenschaftlich legitim ist. Um dies zu beantworten, beschäftigt sie sich ausführlich mit den Fragen, wie sich „Neue Kriege" genau definieren und welche Kritiken es an dieser Bezeichnung gibt. Dadurch soll auch verdeutlicht werden, welche Kontroversen über dieses Thema in der Wissenschaft herrschen. Der Hauptteil dieser Arbeit ist in zwei Teile gegliedert. Der erste Teil befasst sich zunächst mit der Definition von „alten" Kriegen, um die Begrifflichkeit und damit den Unterschied zwischen den „alten" und den „Neuen Kriegen" zu verdeutlichen. Im zweiten Teil werden die verschiedenen Phänomene der „Neuen Kriege" aus unterschiedlichen Perspektiven beleuchtet. Verschiedene Thesen werden vorgestellt, erläutert und insofern diskutiert, als dass kritische Stimmen zu den jeweiligen Thesen aufgezeigt werden. Es ist anzumerken, dass eine Vielzahl an Literatur bezüglich der vorliegenden Thematik zur Verfügung steht. Diese Arbeit fokussiert sich in Bezug auf die Definition „Neuer Kriege" hauptsächlich auf die Werke von Mary Kaldor (2000), Herfried Münkler (2002), Anna Geis (2009) und Erhard Eppler (2002). Abschließend werden die Ergebnisse in einem Fazit zusammengefasst und bewertet, was die Beantwortung der Ausgangsfrage, ob der Begriff der „Neuen Kriege" legitim ist, beabsichtigt.

2. Die „alten“ Kriege

Mit dem Modell des „alten“ Krieges sind jene zwischenstaatliche Kriege gemeint, die Europa im 18. Und 19. Jahrhundert heimsuchten. Das Modell entwickelte sich historisch nach der „langsamen Herausbildung eines staatlichen Gewaltmonopols im neuzeitlichen Mitteleuropa“ (Kaldor 2000, S. 28 - 35). Dabei gab es meist begrenzte, politisch definierte Ziele. Außerdem wurde ein Staatenkrieg oft durch Rechtsakte, wie Kriegserklärungen und Friedensschlüsse abgrenzbar. Zudem wurde klar zwischen Kombattanten, welche ihre Uniform und Waffen offen tragen mussten und Nichtkombattanten unterschieden (ebd.). Außerdem war der „alte“ Krieg eine vollkommen „verstaatlichte Angelegenheit“ (ebd.), dessen wesentlicher Bestandteil nach der bis damals gängigen Clausewitz’schen Kriegstheorie der bewaffnete Kampf zwischen mindestens zwei verschiedenen Armeen darstellte (vgl. von Clausewitz 1832). Clausewitz bezeichnete den Krieg damals außerdem als die „Fortsetzung von Politik mit anderen, gewaltsamen Mitteln“ und als „Chamäleon“ (Eppeler 2002, S.18). Die Staaten definierten sich damals ideologisch (ebd. S. 22). Die Ursprünge dieser Ideologien fanden sich meist außerhalb des Staatsapparates, jedoch mit dem Ziel sich der Macht des staatlichen Gewaltmonopols zu bedienen, um ihre Ideologien durchzusetzen. Dies gelang beispielsweise den Kommunisten unter der Führung von Stalin und den Nationalsozialisten unter Hitlers Führung im 20. Jahrhundert (ebd). Das 20. Jahrhundert stellte allgemein ein „Jahrhundert des staatlichen Gewaltmonopols“ dar (ebd. S. 21). Es beinhaltete einerseits demokratisch legitimierte Gewalt, andererseits und größtenteils bestand es jedoch aus diktatorischer, totalitärer Gewalt, was mit dem 1. Und 2. Weltkrieg gleich zwei Mal zu totalitären zwischenstaatlichen Kriegen führte. Herfried Münkler (2006) bezeichnet diese Art der Kriegsführung jedoch als „Auslaufmodell“ und auch Martin van Creveld prophezeite schon 1991, dass „richtige Gefechte mehr und mehr von Geplänkel, Bombenanschlägen und Massakern abgelöst werden“, was den Merkmalen von „Neuen Kriegen“ schon sehr nahe kommt.

3. Die Phänomene des „Neuen Kriegs“ kontrovers diskutiert

Zahlreiche Verfechter der These der „Neuen Kriege“, wie beispielsweise Mary Kaldor (2000) sind der Meinung, dass sich mit dem Ende der „großen Ideologien“ seit 1989/90, der dadurch möglich gewordenen Globalisierung und der „andauernden Erosion von Staatlichkeit“, eine Reihe neuartiger Entwicklungen in bewaffneten Konflikten aufzeigen ließe (Kaldor 2000, S.23-25). Diese sollen im Folgenden erläutert und die Kontroversen, die darüber in der Wissenschaft herrschen, aufgezeigt werden.

Bei den „Neuen Kriegen“ handelt es sich bei fast allen Merkmalen, die charakteristisch für einen „alten“ Krieg sind, um gegenteilige Phänomene. Beispielsweise sind mit diesem Begriff innerstaatliche und keine zwischenstaatliche Kriege gemeint, die weder aus politischen, noch aus territorialen Gründen geführt werden, sondern aus ökonomischen (vgl. Kaldor 2000; Münkler 2002). Sie werden häufig von dezentral organisierten, nichtstaatlichen Gewaltakteuren ausgetragen und die staatlichen Armeen werden beispielsweise durch Rebellengruppen, Milizen oder Warlords ersetzt (Geis 2009, S.67).

3.1 Gewalt

Dabei sind die Gewaltmittel und Gewaltstrategien durch Privatisierung und Entzivilisierung, im Sinne des systematischen Regelbruchs charakterisiert (ebd.). Bei der Privatisierung von Gewalt kann laut Eppler zwischen der Privatisierung der Gewalt von unten und von oben unterschieden werden (Eppler 2009, S. 30). Bei der Privatisierung von unten, welche am ehesten den Merkmalen eines „Neuen Krieges“ entspricht, lehnen sich substaatliche Gewaltakteure gegen das staatliche Gewaltmonopol auf. Zu früheren Zeiten verfolgten diese substaatlichen Gewaltakteure durchaus politische Interessen und kämpften, oft in Bürgerkriegen, für Veränderungen in ihrem Staat (ebd. S. 30). Heutige substaatliche Gewaltakteure haben meistens jedoch keinerlei Verbindung zum Staat und haben kein Interesse an seiner Erhaltung, da sie diesen, in Anbetracht ihrer ökonomischen Interessen, nur als „hinderlich“ ansehen (ebd. S. 31). Bei der Privatisierung von oben spricht man von Gewalt, die von „oben“, also von Regierungen, Armeen und der besitzenden Oberschicht gegen die (restliche) Bevölkerung ausgeht (ebd. S. 42). Dabei wird diese jedoch meistens indirekt, durch Paramilitärs ausgeführt, von denen sich Regierungen beispielsweise distanzieren, sie insgeheim aber unterstützen und die „Drecksarbeit“ erledigen lassen (ebd.).

3.2 Ethnische Motive

Vor allem über die Ursachen und Motive der bewaffneten Konflikte nach 1990 herrschen in der Wissenschaft große Meinungsverschiedenheiten. In der ersten Hälfte der 1990er Jahre wurde vor allem von ethnischen Motiven ausgegangen (vgl. Scherrer 1997; Kaldor 2000). Grundlage für diese Annahme waren gewaltsame Auseinandersetzungen auf dem Balkan oder in Afrika, die alle einer ethnischen Natur entsprachen. Diese These stieß jedoch auf viel Kritik in der Kriegsursachenforschung mit der Begründung, dass ethnische Konflikte in der Theorie lange andauern müssten, da es bei gegensätzlichen ethnischen Interessen nicht schnell zu einer Einigung kommen könne. In der Praxis sind jedoch viele Kriege der 1990er Jahre nach vergleichsweise kurzer Zeit beendet worden (vgl. Gurr 2000).

3. 3 (Gewalt)Ökonomische Motive

Daher wurde diese These rasch durch das Erklärungsmuster ersetzt, dass die „Neuen Kriege" von (gewalt)ökonomischen Motiven geprägt seien (Schreiber 2009, S. 51). Bei der Entwicklung dieser These rückten vor allem Ressourcenkriege in das Blickfeld der Wissenschaftler, die sich hauptsächlich durch den illegalen Handel mit Ressourcen finanzieren. Einige Wissenschaftler vertreten der Meinung, dass Länder mit einem großen Rohstoffvorkommen einem überdurchschnittlich hohen Kriegsrisiko ausgesetzt seien (Le Billon 2001, S. 561 – 584). Vor allem der Ausbruch eines innerstaatlichen bewaffneten Konfliktes sei sehr wahrscheinlich, was von vielen auch als ein Merkmal der „Neuen Kriege" angesehen wird (ebd.). Die These wird damit begründet, dass durch ein großes Rohstoffreichtum oftmals klientelistische Herrschaftsstrukturen entstehen, die wiederum zur Degenerierung politischer Systeme führen können (ebd.).

3.4 Failed states

Häufig spricht man in der Politikwissenschaft im Zusammenhang mit der Degenerierung eines politischen Systems auch von einem „failed" oder „failing state", der seine grundlegenden Funktionen nicht mehr erfüllen kann (vgl. Ruf 2003). In solchen Staaten gibt es oft keine funktionierende Regierung, kaum Polizei und ein labiles Gesundheitssystem. Der Zusammenbruch des Systems wird darauf zurückgeführt, dass viele Staaten sich während des Kalten Krieges einer Supermacht anschlossen, im Sinne ihrer jeweiligen Ideologien kämpften und die Regierungen dementsprechend geprägt waren. Außerdem erhielten sie auch eine finanzielle Unterstützung, entweder von den USA oder der UdSSR. Mit dem Ende des Krieges fielen diese Unterstützungen jedoch weg, in einigen Staaten entstand ein Machtvakuum und infolgedessen ein „failing state“. Solch chaotische Situationen können die Entstehung gewaltsamer innerstaatlicher Konflikte nach sich ziehen, die den Merkmalen der „Neuen Kriege“ entsprechen (vgl. Eppler 2002; Geis 2009).

3. 5 Kommerzialisierung der Gewalt

Dabei kommt es langsam zu einer Verlagerung der Gewaltanwendung durch staatliche Gewaltakteure, wie dem (staatlichen) Militär, auf private, nichtstaatliche Gewaltakteure, wie zum Beispiel Warlords und Rebellengruppen (Geis 2009, S.67). Die nichtstaatlichen Gewaltakteure vertreten vor allem ökonomische Interessen, wodurch es zu der Kommerzialisierung von Gewalt kommt (Eppler 2002, S.16), was in vielen Augen ein weiteres Merkmal „Neuer Kriege“ darstellt.

3.6 Schattenglobalisierung

Um sich zu finanzieren kommt es zu zahlreichen illegalen Aktivitäten der nichtstaatlichen Gewaltakteure, wie zum Beispiel dem illegalen Handel mit Waffen, Drogen oder Rohstoffen, Plünderungen der Bevölkerung, Besteuerungen und Diebstählen von internationalen Hilfslieferungen oder Entführungen (Kurtenbach/Lock 2004, S. 11-19). In diesem Zusammenhang wird oft auch von der Entstehung der sogenannten „Schattenglobalisierung“ gesprochen (ebd.). Damit ist die Entstehung von kriminellen, internationalen Netzwerken gemeint, die der Finanzierung von Kriegen dienen. Auch dieses Phänomen kann mit zahlreichen Beispielen belegt werden. Die UNITA in Angola und die RUF in Sierra Leone finanzierten sich vor allem durch den illegalen Handel mit Diamanten. In der Demokratischen Republik Kongo werden die angehenden bewaffneten Konflikte größtenteils durch den illegalen Handel mit Coltan, Gold, Kupfer, Diamanten und Kaffee finanziert und in Afghanistan über den Drogenschmuggel (vgl. Heupel 2005).

3.7 Gewaltökonomien

Da Gewaltökonomien sich scheinbar von selbst reproduzieren und nichtstaatliche Gewaltakteure durchaus Profit daraus schlagen, sind Befürworter der These der „Neuen Kriege", wie zum Beispiel Herfried Münkler (2002), der Meinung, dass kein Interesse an einer Beilegung der Konflikte bestünde. Daher seien diese auch schwer zu bewältigen und dauerten überdurchschnittlich lange an (Fearon 2004, S. 275 – 301). Kritiker verweisen jedoch darauf, dass solche Konflikte durchaus lösbar seien, wie Beispiele aus Angola, Liberia und Sierra Leone zeigen (Schreiber 2009, S. 18). Andere Autor*innen betonen in diesem Zusammenhang, dass es dabei aber eine große Rolle spiele, ob sich die nichtstaatlichen Gewaltakteure durch den illegalen Handel mit Drogen oder mit legalen Rohstoffen finanzieren. Der Handel mit Drogen sei schwieriger zu regulieren, als eine Einschränkung des Handels mit legalen Rohstoffen (Geis 2009, S. 69).
Einige Wissenschaftler*innen verurteilen es zudem, das Phänomen der Gewaltökonomien als neues Merkmal von Kriegen zu bezeichnen. Es sei im Zusammenhang mit innerstaatlichen Kriegen schon immer zu Gewaltökonomien gekommen, da die nichtstaatlichen Akteure sich auf irgendeine Weise finanzieren mussten. Dabei durften sie jedoch zum Beispiel während des Kalten Kriegs auf Unterstützung von einer der Supermächte hoffen, weshalb die Gewaltökonomien nicht in dem Maße florierten, wie sie es heutzutage tun (vgl. Balz 2009). Dadurch seien sie aber keineswegs ein neues Phänomen, sondern nur im Zuge der (Schatten)Globalisierung komplexer geworden (Siegelberg/Henssel 2006, S. 23).

3.8 Veränderte Wahrnehmung

Dies führt unter den Kritikern außerdem zu der Frage, ob die vermeintlichen Merkmale der „Neuen Kriegen" tatsächlich einer veränderten Realität oder nur einer veränderten Wahrnehmung entsprechen (Geis 2009, S. 65). Viele Kritiker*innen aus der Kriegsursachen- und Konfliktforschung vertreten die Meinung, dass die „Wahrnehmung von Krieg viel zu lange von der Logik des Kalten Kriegs verzerrt" worden sei (Siegelberg/Henssel 2006, S. 9 - 37). Auch zahlreiche Historiker*innen unterstützen diese Annahme und beziehen sich dabei auf die Ergebnisse von Projekten des Tübinger Sonderforschungsbereichs *Kriegserfahrungen - Krieg und Gesellschaft in der Neuzeit.* Ihr Ergebnis in Bezug auf die These der „Neuen

Kriege“ lautet: „Neu ist die Wahrnehmung und das Reden darüber, nicht das Phänomen“ (Beyrau/Hochgeschwender/Langewiesche 2007, S. 11).
Außerdem wird bemängelt, dass die These der „Neuen Kriege“ zu eurozentrisch gedacht sei (Geis 2009, S. 62). Beispielsweise sprächen die Verfechter der These bei heutigen innerstaatlichen Konflikten von einer neuen Art der Kriegsführung, würden diese aber ständig mit den Merkmalen eines „alten“ europäischen Kriegs vergleichen (Kahl/Teusch 2004, S. 385), was für die These sprechen würde, dass die „Neuen Kriege“ gar nicht so neu sind, sondern nur eine abgewandelte Form der „alten“.

3.9 Der Begriff der Bürgerkriege

Eine weitere wissenschaftliche Kontroverse stellt die Tatsache dar, dass zahlreiche Wissenschaftler im Zusammenhang mit den „Neuen Kriegen“ auch von modernen Bürgerkriegen sprechen. Herfried Münkler (2002) warnt beispielsweise ausdrücklich vor der Verwendung des Begriffes „Bürgerkrieg“ in diesem Zusammenhang. Traditionelle Bürgerkriege seien von politisch-ideologischen Interessen geprägt gewesen und den jeweiligen Bürgerkriegsparteien sei es um das Erlangen der Macht in einem existierenden Staat gegangen, um ihre Ziele durchzusetzen. Die Länder, in denen heutzutage „Neue Kriege“ herrschen, entsprächen durch ihre politisch fatale Lage jedoch weder den Kriterien eines existierenden Staates, noch besäßen die substaatlichen Gewaltakteure politisch-ideologische Motive, sondern seien nur daran interessiert, möglichst viel Profit zu schlagen, ohne jegliche Rücksicht auf die Bevölkerung zu nehmen. Daher stimmten sie wohl auch kaum mit der Vorstellung eines „Bürgers“ überein (Münkler 2002, S. 43- 45). Diese Aussage hat selbst unter den Befürwortern der These der „Neuen Kriege“ für Diskussionen gesorgt. Behaupten doch einige Wissenschaftler*innen, dass es durchaus moderne Bürgerkriege gebe oder gegeben hätte, die von politisch-ideologischen Motiven geprägt seien, wie zum Beispiel die Jugoslawienkriege in den 1990er Jahren (vgl. Kaldor 2000; Schlichte 2006). Manche gehen sogar noch weiter mit der Argumentation, dass auch ein Interesse an der Machtgewinnung durchaus als politische Motivation gesehen werden könne, auch wenn diese nur der Durchsetzung von ökonomischen Interessen dient (Balz 2009, S. 14). Dies widerspricht somit den Thesen von Münkler (2002) und Kaldor (2000), dass die „Neuen Kriege“ von Entpolitisierungen und rein ökonomischen Motiven geprägt seien. Außerdem wird dadurch die allgemeine Kritik an der These der „Neuen Kriege“ untermauert, dass diese sich zu stark auf die ökonomischen Aspekte fokussiere (Schlichte 2006, S. 117 - 119).

3.10 Einsatz von Kindersoldaten

Ein weiteres Phänomen, was eine Kontroverse in der Wissenschaft darüber aufwirft, ob man es zu den „Neuen Kriegen" zählen kann, ist der Einsatz von Kindersoldaten durch die nichtstaatlichen Gewaltakteure. Eppler (2002, S. 61) erklärt den Einsatz der Kindersoldaten wie folgt: „Die Exekutoren privatisierter Gewalt kämpfen nicht gerne gegeneinander. Das ist gefährlich und bringt nichts ein. Werden Schusswechsel oder Gefechte unausweichlich, so werden häufig Kindersoldaten vorgeschickt". Die Zahl der eingesetzten Kindersoldaten weltweit liegen Schätzungen der UNO zufolge zwischen 200.000 und 300.000 (ebd.). Kindersoldaten sind das perfekte Instrument zur Aufrechterhaltung einer Gewaltherrschaft, da ihr geringes Risikobewusstsein sie zu gefügigen Anhängern macht und sie äußerst billig sind (vgl. Eppler 2002). Eppler verglich die Rekrutierung der Kindersoldaten mit den Jungen der Hitlerjungend zu Zeiten des Nationalsozialismus. Dieses Zitat wird hier an gesonderter Stelle erwähnt, da es meines Erachtens nach, die Brutalität und Entzivilisierung der privatisierten und kommerzialisierten Gewallt verdeutlicht. Dies geschieht insofern, als dass man diese mit den Taten von einem der schrecklichsten Diktatoren der Menschheitsgeschichte vergleicht und als noch menschenunwürdiger empfindet.

„Hitler schickte die 15jährigen ins Feuer, *obwohl* sie so jung waren. Die Kriegsherren holen sich die Kinder, *weil* sie so jung sind. Hitler mißbrauchte halbe Kinder als letztes Aufgebot. Die Warlords benutzen ganze Kinder als erstes Aufgebot."

Eppler 2002, S. 62

3.11 Gewalt gegen Zivilisten

Die Gewalt gegen Zivilisten ist als äußerst brutal einzustufen und fordert weitaus mehr zivile Opfer, als es bei den „alten" Kriegen der Fall war. Immer wieder kommt es zu Verstümmelungen, Massenvergewaltigungen und -vertreibungen (Geis 2009, S. 69 f.). Letztere führen außerdem zu einer unzähligen Anzahl an Flüchtlingen. Das Verhältnis von Soldaten zu Zivilisten unter den Todesopfern hat sich im Vergleich zum 20. Jahrhundert um das achtzig- bis hundertfache erhöht und somit komplett umgekehrt (Eppler 2002, S. 60). Im 1. Weltkrieg kamen beispielsweise zehn getötete Soldaten auf ein ziviles Opfer. Bei den „Neuen Kriegen" kommen acht bis zehn zivile Opfer auf einen getöteten Söldner (ebd.).

Gründe dafür lassen sich auf die Beschreibung der kommerzialisierten Gewalt durch Eppler (2002) zurückführen. Seiner Meinung nach sei sie „schwer zu lokalisieren“, „scheut klare Fronten“ und „kann überall zuschlagen, ist aber schwer zu fassen“ (Eppler 2002, S. 59). Dadurch können sich Zivilisten in keiner Form vor den Angriffen der Milizen schützen. Diese können dabei so brutal vorgehen, da sie keinerlei Konsequenzen befürchten müssen.
Kritiker dieser These merken jedoch an, dass das Phänomen der Gewalt gegen Zivilisten an sich nicht neu sei. Dies wäre beispielsweise auch schon während der Kolonialzeit und der beiden Weltkriege vorgekommen (vgl. Wette/Ueberschschär 2001). Außerdem hätten auch diese Kriege eine hohe Anzahl an Flüchtlingen hervorgebracht. Die genauen Zahlen seien nur nicht ausreichend dokumentiert worden. Dadurch könne man auch das Flüchtlingsphänomen an sich nicht als „neu“ bezeichnen (Newman 2004, S. 182).

3.12 Terrorismus

Da die zuvor beschriebene Art der asymmetrischen Gewaltanwendung oft mit terroristischen Anschlägen assoziiert wird, sind einige Wissenschaftler*innen, wie zum Beispiel Münkler der Meinung, dass auch der transnationale Terrorismus ein Merkmal von „Neuen Kriegen“ darstelle (Münkler 2006, S. 145 ff.). Eppler (2002, S. 20). vertritt die These, dass der Terrorismus keine Ideologie darstelle, sondern eine Art der Gewaltanwendung. Die Beweggründe seien dabei ganz unterschiedlich. Beispielsweise seien die Motive der Taliban andere als die, der IRA in Nordirland. Allein die Tatsache, dass es den Terrorismus auch in Nordeuropa gibt, lässt die These, dass dieser als Merkmal der „Neuen Kriege“ gilt, zweifelhaft erscheinen. Die Konflikte in Nordirland müssten demnach auch als „Neue Kriege“ angesehen werden, was jedoch nicht der Realität entspricht.

4. Fazit

Wissenschaftler*innen sind sich einig sind, dass das Modell der „alten“ Kriege „ausgedient“ hat (vgl. Münkler 2004). Wie sich im Laufe der vorliegenden Arbeit gezeigt hat, gibt es bei der Definition der These der „Neuen Kriege jedoch einige Meinungsverschiedenheiten, was bei vielen Wissenschaftlern zu Zweifeln an der These führt (vgl. Balz 2009, Siegelberg/Henssel 2006). Sogar unter den Befürwortern kommt es mitunter zu Meinungsverschiedenheiten (vgl. Münkler 2002, Kaldor 2000), was die Zweifel berechtigt erscheinen lässt.

Wie sich herausgestellt hat, gab es viele Phänomene, die der Stützung der These der „Neuen Kriege“ dienen, schon bevor man in der westlichen Welt wissenschaftlich darüber diskutiert hat. Als Beispiele dienen hier die Gewaltökonomien (vgl. Siegelberg/Henssel 2006) und die Gewalt gegen Zivilisten (vgl. Wette/Ueberschschär 2001), die es immer schon gab, was scheinbar jedoch bei der Entwicklung der These der „Neuen Kriege“ nicht beachtet wurde. Wenn man sich also der These anschließt, dass sich nicht die Phänomene an sich, sondern die westliche Wahrnehmung verändert hat (vgl. Beyrau/Hochgeschwender/Langewiesche 2007), ist von der Verwendung des Begriffes „Neuen Kriege“ in einem wissenschaftlichen Zusammenhang abzuraten. Da diese Kriege in diesem Sinne nicht als „neu“ einzustufen sind, wäre es faktisch falsch. Für die Beantwortung der Frage, wie man sie alternativ bezeichnen könne, ist aufgrund der Komplexität des Themas an dieser Stelle kein Platz mehr.
Außerdem stellen auch die Schwierigkeiten bei der Definition des Begriffes der „Neuen Kriege“ ein Problem dar. Der Begriff umfasst zu viele kontrovers diskutierte Phänomene, wodurch eine klare Definition und Abgrenzung unmöglich ist. Dies ist jedoch durchaus wichtig für Begriffe, die man in eine differenzierte wissenschaftliche Debatte einbringen möchte. Auch deshalb ist der Begriff der „Neuen Kriege“ wissenschaftlich nicht legitim.

Auch, wenn die Tatsache, dass es zu viele Thesen in Bezug auf die „Neuen Kriege“ gibt, einer der Gründe dafür ist, dass der Begriff wissenschaftlich nicht als legitim angesehen werden sollte, kann man die Existenz der zahlreichen Thesen durchaus als positiv bewerten. Zeigt sie doch, dass sich intensiv und ausführlich mit den Phänomenen von verschiedenen bewaffneten Konflikten beschäftigt wurde. Dies hat mit großer Wahrscheinlichkeit zu einem besseren Verständnis der dortigen Situationen geführt, was der Friedenskonsolidierung auf lange Sicht zugutekommen könnte.

Literaturverzeichnis

Balz, Mathis (2009): Die Politische Ökonomie von Bürgerkriegen, Arbeitspapier Nr. 2/2009 der Forschungsstelle Kriege Rüstung und Entwicklung, Hamburg.

Beyrau, Dietrich / Hochgeschwender, Michael / Langewiesche, Dieter (2007): Einführung: Zur Klassifikation von Kriegen, in: Beyreu, Dietrich / Hochgeschwender, Michael / Langewiesche, Dieter (Hrsg.), Formen des Krieges. Von der Antike bis zur Gegenwart, Paderborn u. a., S. 9-15.

Brock, Lothar (2004): Alt und neu, Krieg und Gewalt, in: Kurtenbach, Sabine / Lock, Peter (Hrsg.), Kriege als (Über)-Lebenswelten, Bonn, S. 11-19.

Chojnacki, Sven (2008): Wandel der Gewaltformen im internationalen System 1946-2006, Osnabrück (Forschung DSF Nr. 14).

Eppler, Erhard (2002): Vom Gewaltmonopol zum Gewaltmarkt?, Frankfurt a.M.

Fearon, James D. (2004): Why do Some Civil Wars last so much longer than others?, in: Journal of Peace Research, 41 (2004) 3, S. 275-301.

Geis, Anna (2009): Die Kontroversen über die „neuen" Kriege der Gegenwart: Wie sinnvoll ist die Rede vom „Neuen"?, in: Österreichisches Studienzentrum für Frieden und Konfliktlösung (Hrsg.), Projektleitung: Thomas Roithner: Söldner, Schurken, Seepiraten – Von der Privatisierung der Sicherheit und dem Chaos der „neuen" Kriege, Wien/Berlin, S. 61-74.

Gurr, Ted Robert (2000): Ethnic Warfare on the Wane, in: Foreign Affairs 79/3, S. 52-64.

Heupel, Monika (2005): Friedenskonsolidierung im Zeitalter der „neuen Kriege", Wiesbaden.

Kahl, Martin / Teusch, Ulrich (2004): Sind die „neuen Kriege" wirklich neu?, in: Leviathan, 32: 3, S. 382-401.

Kaldor, Mary (2000): Neue und alte Kriege, Frankfurt a.M. [dt. Übersetzung von „New and Old Wars“ (1999)]

Kurtenbach, Sabine / Lock, Peter (Hrsg.) (2004): Kriege als (Über-)Lebenswelten. Schattenglobalisierung, Kriegsökonomien und Inseln der Zivilität, Bonn.

Le Billon, Phillipe (2001): The political ecology of war: natural resources and armed conflicts, in: Political Geography, 20 (2001) 5, S. 561-584.

Matthies, Volker (2004): Kriege: Erscheinungsformen, Kriegsverhütung, Kriegsbeendigung, in: Knapp, Manfred / Krell, Gert (Hrsg.), Einführung in die Internationale Politik, 4. erw. Auflage, München/Wien, S. 398-443.

Münkler, Herfried (2001): Sind wir im Krieg?, in: Politische Vierteljahresschrift, 42: 4, S. 581-589.

Münkler, Herfried (2006): Was ist neu an den neuen Kriegen? – Eine Erwiderung auf die Kritiker, in: Geis, Anna (Hrsg.), Den Krieg überdenken, Baden-Baden, S. 133-150.

Newman, Edward (2004): The „New Wars“ Debate, in: Security Dialogue, 35: 2, S. 173-189.

Ruf, Werner (Hrsg.)(2003): Politische Ökonomie der Gewalt, Opladen.

Scherrer, Christian P. (1997): Ethno-Nationalismus im Zeitalter der Globalisierung. Ursachen, Strukturmerkmale und Dynamik ethnisch-nationaler Gewaltkonflikte, Münster.

Schlichte, Klaus (2006): Neue Kriege oder alte Thesen?, in: Geis, Anna (Hrsg.), Den Krieg überdenken, Baden-Baden, S. 111-132.

Schreiber, Wolfgang (2009): Die Kontroversen über die „neuen“ Kriege der Gegenwart: Wie sinnvoll ist die Rede vom „Neuen“?, in: Österreichisches Studienzentrum für Frieden und Konfliktlösung (Hrsg.), Projektleitung: Thomas Roithner: Söldner, Schurken, Seepiraten – Von der Privatisierung der Sicherheit und dem Chaos der „neuen“ Kriege, Wien/Berlin, S. 47-60.

Siegelberg, Jens / Hensell, Stephan (2006): Rebellen, Warlords und Milizen. In: Bakonyi, Jutta / Hensell, Stephan / Siegelberg, Jens (Hrsg.), Gewaltordnungen bewaffneter Gruppen, Baden-Baden 2006, S. 9-37.

Van Creveld, Martin (1991): The transformation of War, New York.

Von Clausewitz, Carl (1832): Vom Kriege (zitiert nach Ausgabe: Ullstein Verlag, 5. Auflage (1998).

Wette, Wolfram / Ueberschär, Gerd (Hrsg.)(2001): Kriegsverbrechen im 21. Jahrhundert, Darmstadt.